AF337604

Circonscription de la Faculté de médecine de Lyon

SERVICE DES ÉPIDÉMIES

INSTRUCTIONS

CONCERNANT LA

PROPHYLAXIE DE LA DIPHTÉRIE

Monsieur et cher collègue,

Dans l'état actuel de nos connaissances, vous avez dû être souvent embarrassé pour formuler des indications prophylactiques précises en cas d'épidémie de diphtérie. M. le professeur Brouardel déclarait l'année dernière, avec toute l'autorité qui s'attache à la parole du président du Comité consultatif de l'hygiène publique de France, « qu'il n'est pas de maladie épidémique sur laquelle nous possédions moins de renseignements au point de vue de ses conditions de propagation ». Il résulte des recherches que l'un de nous a entreprises sur ce point, que la contagion directe ou indirecte est le facteur à peu près exclusif de la propagation des épidémies de diphtérie (1). Au début d'une épidémie rurale, il est possible de suivre la filiation des cas, pourvu que l'on sache bien que l'incubation, *très courte*, est ordinairement d'un seul jour, et que la contagion de la maladie est à la fois *très précoce* et *très*

(1) L. Bard. Des conditions de propagation de la diphtérie ; relation de l'épidémie d'Oullins. *Lyon Médical*, 1889, p. 199 et suiv.

prolongée. Cette contagion s'exerçant ordinairement en dehors de leur domicile par les convalescents ou par les débutants, il arrive que les cas sont plus ou moins disséminés et que la contagion, pour être retrouvée, doit être cherchée avec soin et avec minutie. Il arrive souvent que des cas successifs, nés les uns des autres, mais séparés par le court intervalle d'un jour ou deux, sont considérés comme contractés simultanément à une source commune. Pour ces divers motifs, on ne peut espérer établir la filiation des cas que lorsqu'on observe dans des conditions favorables et qu'on peut avoir connaissance de *tous* les faits d'une même épidémie. Telles sont sans doute les raisons qui font méconnaître l'importance prépondérante qui appartient à la contagion dans la genèse et le développement des épidémies de diphtérie.

Nous ne pouvons entrer ici dans de longs détails pour justifier les conclusions qui précèdent ; nous ne voulons pas davantage vous tracer une ligne de conduite étroite et exclusive, mais nous avons pensé qu'il vous serait utile de recevoir sur ce point quelques indications générales, qui pourront vous servir de guide et que vous aurez à compléter et à modifier, suivant les cas particuliers, suivant les ressources et les conditions locales.

Il est tout d'abord bien évident que l'hygiène privée ne peut pas avoir ici une bien grande portée. Sans doute il est bon de recommander de bien nourrir les enfants en temps d'épidémie, c'est-à-dire en tous temps dans les grandes villes, d'éviter les maladies de la gorge, de se défier du froid humide, et de s'abstenir de toutes relations avec les diphtéritiques ; mais toutes ces précautions risquent fort de rester inefficaces.

Les précautions antiseptiques locales mériteraient peut être plus de confiance ; mais on ne saurait encore formuler sur ce point de recommandations précises. Roux et Yersin conseillent de pratiquer des lavages phéniqués fréquents de la bouche et du pharynx chez les enfants menacés de diphtérie, et en particulier dans le cours de la rougeole et de la scarlatine. Il s'appuie sur le fait que Löffler a trouvé le bacille de Klebs dans la bouche d'un enfant sain, pour émettre l'hy-

pothèse que ce bacille est peut-être l'hôte fréquent et inoffen-
sif de la bouche et du pharynx, susceptible seulement de se
développer quand la muqueuse s'enflamme, et de reprendre
toute sa virulence sur ce milieu favorable. Alors même qu'il
en serait ainsi, on pourrait craindre que des lavages phéniqués soient insuffisants à détruire le bacille, et cependant
assez irritants pour déterminer l'état inflammatoire qu'on
redoute tant comme cause occasionnelle.

Nous avons vu que la contagion directe ou médiate est la
cause essentielle de la propagation du mal; nous avons constaté par nous-même que cette contagion s'exerce surtout
en dehors du domicile, qu'elle est toujours quolque peu ac-
cidentelle et souvent imprévue : contre pareille éventualité
l'hygiène privée est à peu près impuissante dans les conditions ordinaires de la vie, surtout dans les grandes villes.
L'école, les réunions de toutes sortes, les promenades publiques, les voitures, les tramways, sont tout autant de lieux
dangereux dont on ne peut cependant s'interdire absolument
l'accès. En réalité c'est à l'hygiène publique qu'il apppar-
tient de restreindre les ravages de la diphtérie; nous sommes convaincu, pour notre part, qu'une prophylaxie sérieu-
sement et rationnellement conduite pourra, non seulement
arrêter la marche toujours ascendante jusqu'ici de la maladie, mais encore, la ramener à l'état de fait exceptionnel dans
les grandes villes, enrayer de bonne heure les épidémies me-
naçantes et faire disparaître toutes les endémies rurales.

Ces résultats peuvent être atteints; ce fait ressort nettement, croyons-nous, de l'étude que nous avons faite de
l'épidémie d'Oullins; elle nous a permis de saisir sur le fait
le mode d'extension et de propagation du mal, et elle nous
a montré en même temps combien il serait facile parfois
d'arrêter définitivement son développement. Il n'est pas
besoin de faire ressortir toute l'importance qui s'attache à
cette question. Partout dans les grandes villes la diphtérie
est en progrès. A Lyon, où elle était autrefois fort rare,
elle est définitivement installée et commence à faire tris-
tement parler d'elle. Bientôt, peut-être, si l'on n'y porte
remède, elle n'aura plus rien à envier à celle de Paris.

Partout les chiffres de mortalité sont trop éloquents pour qu'il soit besoin de justifier la nécessité de mesures prophylactiques spéciales, il reste seulement à en préciser les indications. Nous signalerons tout d'abord, pour n'y plus revenir et sans y attacher d'importance, les mesures qui sont conseillées par les partisans de l'origine aviaire de la maladie ; elles sont surtout dirigées contre les fumiers soupçonnés d'être cause de tout le mal. Elles se résument dans ces deux *desiderata* formulés par J. Teissier : la construction de fosses à fumier bien isolées ; l'enlèvement des résidus du balayage dans des tombereaux fermés et pendant la nuit.

Dans le même ordre d'idées, Vallin conseille, dans une note de la *Revue d'hygiène* (1), d'éloigner des puits l'eau pluviale amenée par les gouttières, et entraînant les déjections des pigeons, des hirondelles, des oiseaux de toutes sortes qui vivent sur les toits de nos maisons, surtout à la campagne.

On recommande encore d'empêcher les enfants de s'approcher des volailles, et quelques-uns vont jusqu'à frapper d'ostracisme culinaire les têtes de poulets. On comprend bien d'ailleurs que dans l'incertitude actuelle où l'on se trouve sur l'étiologie de la diphtérie, et dans la crainte légitime qu'elle inspire à tous les pères de famille, on soit disposé à s'attacher à des précautions minutieuses, plus ingénieuses que bien justifiées.

Pour nous l'étiologie est nette et précise, la prophylaxie s'en déduit simplement. La contagion directe est le fait habituel, elle ne s'étend qu'à faible distance : elle commande l'isolement des sujets dangereux. La contagion médiate est plus rare, mais elle existe, elle paraît s'exercer surtout par les matières récemment expulsées, encore à l'état frais ; elle exige la désinfection prompte de tous les objets susceptibles d'être souillés par les produits pathologiques. Quels sont les moyens pratiques de répondre à ces deux indications fondamentales ?

Dans l'état actuel des esprits, la désinfection des objets et

(1) *Revue d'hygiène*, 1888, p. 519.

des locaux est volontiers acceptée comme nécessaire ; de ce côté la cause est gagnée. Elle l'est peut-être trop complètement, en ce sens qu'on attache à cette désinfection une importance prépondérante que, pour notre part, nous lui refusons absolument quand il s'agit de diphtérie.

Qu'on ne se méprenne pas sur notre pensée ; nous affirmons comme tout le monde la nécessité d'installer des étuves à désinfection ; nous pensons qu'elles peuvent aider à restreindre les ravages de la diphtérie elle-même en diminuant quelque peu le nombre des cas de contagion médiate, mais nous savons par nos recherches que la contagion directe est le facteur principal et que l'étuve n'y peut rien ; nous savons même que la contagion médiate est le plus souvent assez prompte et provient rarement des linges desséchés; à cela l'étuve ne peut en pratique pas grand chose. Il importe davantage de *recueillir et d'isoler de suite* les produits dangereux que de les désinfecter soigneusement un peu plus tard. Peut-être même le résultat le plus utile de l'étuve, en ce qui concerne la diphtérie, est-il moins encore de désinfecter les linges que d'obliger à les recueillir dans ce but dans des récipients spéciaux.

Il ne faut pas se le dissimuler, les étuves qui rendront à l'hôpital de réels services contre la diphtérie seront en ville à peu près inefficaces. A l'hôpital même, il ne faut pas s'exagérer leur importance, dans les salles simplement tenues avec propreté et discipline, les cas intérieurs de diphtérie font à peu près totalement défaut. Si nous avons longuement insisté sur ce point, c'est que ce sont là des croyances assez généralement répandues et qui sont dangereuses par la fausse sécurité qu'elles pourraient donner. Le problème serait trop facile à résoudre s'il suffisait de quelques étuves municipales pour arrêter la diphtérie, et il n'en est malheusement pas ainsi. Il importe de le déclarer nettement, d'une part pour qu'on ne se croie pas désarmé quand on ne peut pas disposer de moyens suffisants de désinfection, et, d'autre part, pour qu'on ne se contente pas d'une pareille mesure quand elle a pu être réalisée.

La désinfection doit rester au second plan dans la prophylaxie de la diphtérie, sans cesser pour cela de s'imposer. Il importe qu'elle soit prompte et en quelque sorte immédiate et successive. Elle doit porter principalement sur les produits des expectorations, peut-être aussi sur les déjections alvines, qui pourraient contenir des germes dangereux venus des voies supérieures. Les linges souillés devraient être plongés aussitôt dans une substance antiseptique, dans un récipient couvert ; la désinfection du visage et des mains, l'emploi d'un vêtement spécial devant être laissé à la maison, s'imposent aux personnes de l'entourage des malades. Plus tard la désinfection plus complète des objets et des locaux, pour être un peu moins nécessaire, doit encore être considérée comme indispensable.

Il importe de comprendre dans les objets à désinfecter les berceaux des malades ainsi que les jouets dont ils se sont servis pendant leur maladie. Quelques faits tendent à faire admettre que le germe dipthéritique pourrait conserver sa virulence plusieurs années dans certaines conditions spéciales. D'après quelques observateurs, des objets soigneusement enfermés, et maintenus par là à l'abri du renouvellement de l'air, seraient encore capables par la suite, quand on les tire de leur retraite, de déterminer la maladie par une sorte de contagion médiate extrêmement retardée. Quelque exceptionnels que puissent être de pareils faits, ils sont acceptés comme réels par M. le professeur Grancher, ils doivent être dès lors pris en considération au moins jusqu'à plus ample informé. Ils ne jouent aucun rôle dans la marche et le développement des épidémies, mais ils peuvent expliquer leurs récidives éloignées ou la genèse de quelques cas isolés.

Nous n'insisterons pas sur les moyens de réaliser toutes ces désinfections. On ne sait rien encore des conditions particulières de vitalité ou de résistance du germe diphtéritique, dès lors on ne peut donner sur ce point aucune indication spéciale ; il faut s'en tenir à l'un ou à l'autre des divers procédés généraux de désinfection, qu'il serait trop long de rappeler ici et qu'il appartient aux médecins d'indiquer à tous les intéressés. Ajoutons qu'il serait fort utile qu'un service public de désinfection vînt faciliter pour tous, et au besoin assurer gratuitement, les désinfections nécessaires.

Pour nous le fait capital, et pour ainsi dire le point culminant de la prophylaxie de la diphtérie, c'est l'*isolement* du malade pendant toute la durée de sa puissance contagieuse, c'est-à-dire dès le début du mal et jusqu'à une période avancée de la convalescence. Dans l'immense majorité des cas on se contente d'isoler les malades pendant la période d'état, et c'est là assurément la cause principale de la propagation du mal.

Il importe tout d'abord de porter ce fait à la connaissance de tous les intéressés. Pour cela il serait nécessaire, surtout en temps d'épidémie, d'adresser à la population elle-même des instructions précises, dont l'observation spontanée pourrait exercer une influence réelle sur la marche de la maladie. Nous avons rédigé dans ce but une instruction sommaire, dont nous donnons le texte (1) ci-dessous, et qui pourrait être répandue, le cas échéant, par des affiches, des circulaires ou par la voie des journaux.

La diphtérie (angine diphtéritique et croup) est une affection souvent mortelle et très contagieuse. Les malades qui en sont atteints peuvent la transmettre aux personnes qui les approchent, dès le début du mal et pendant toute la durée de la convalescence. L'isolement est le moyen le plus important de la prophylaxie.

Il est indispensable, en temps d'épidémie, d'accorder une sérieuse attention aux maux de gorge les plus légers, dès leur apparition, pour pouvoir éloigner à temps des malades les enfants qu'ils pourraient contagionner. L'isolement des malades et des convalescents doit être aussi absolu que possible ; on doit s'abstenir de les visiter, les personnes qui s'approchent des malades pouvant, dans certains cas, transporter les germes de la maladie sans en être atteintes. On doit interdire absolument le transport des malades dans les voitures publiques.

La dissémination de la maladie est surtout à craindre dans les agglomérations d'enfants et en particulier dans les écoles. Tous les directeurs d'écoles devront rigoureusement :

---

(1) Ce texte a été arrêté avec la collaboration d'une commission nommée par le conseil d'hygiène du département du Rhône et composée, avec nous, de MM. les professeurs Lacassagne, Lépine (de la Faculté de médecine), et Galtier (de l'École vétérinaire).

1º Surveiller l'état de santé de leurs élèves, et renvoyer à l'instant même de l'école tout enfant atteint de mal de gorge ;

2º Renvoyer absolument les frères et les sœurs des enfants malades, et, autant que possible, leurs voisins trop immédiats ;

3º Ne recevoir de nouveau à l'école les diphtéritiques guéris que sur présentation d'un certificat de médecin, constatant leur complète guérison ; l'interdiction de l'école ne devra dans aucun cas être moindre de cinquante jours, comptés à partir du début de la maladie.

Il faut aussi attacher une grande importance aux prescriptions générales de l'hygiène, et spécialement : éviter l'action du froid humide et les inflammations des voies respiratoires qui peuvent en être la conséquence ; veiller à la salubrité des habitations et, en premier lieu, assurer l'isolement et la propreté des dépôts de fumiers ou de chiffons ; surveiller l'état sanitaire des oiseaux de basse-cour, volailles ou pigeons notamment, et sacrifier ceux d'entre eux qui seraient atteints de pépie.

L'entourage des malades doit être réduit au service indispensable ; tous les enfants doivent être éloignés de l'appartement. Les personnes qui approchent les malades devront se conformer aux conseils de précautions et de désinfections qui leur seront donnés par les médecins.

La *désinfection immédiate* de toutes les déjections des malades, et en particulier des matières expectorées ou vomies, est strictement nécessaire ; il en est de même de tous les objets qui servent à leur usage, surtout de ceux qui s'approchent de la bouche ou qui sont exposés à être souillés par les expectorations.

La *désinfection ultérieure* du linge, de la literie et de la chambre, est indispensable, quelle que soit l'issue de la maladie. Cette mesure doit s'étendre aux jouets dont les malades ont pu se servir. Les objets ayant servi aux malades, et conservés à l'abri de l'air sans avoir été préalablement désinfectés, peuvent parfois renfermer encore des germes dangereux après plusieurs années.

On ne saurait évidemment se contenter de cette publication et s'en rapporter à l'initiative privée pour l'organisation de la prophylaxie. Il importe de réclamer des pouvoirs publics compétents, c'est-à-dire des autorités municipales, chargées par la loi de la police sanitaire, les mesures d'hygiène publique que les circonstances peuvent commander. Celles-ci doivent avoir pour objectif principal de combattre la contagion partout où elle peut s'exercer, et, par les secours nécessaires, de rendre réalisable, dans toutes les classes de la population, l'isolement des sujets contagieux.

L'*isolement des convalescents*, qui n'est jamais pratiqué, est le plus indispensable de tous. En fait il serait assez facile à réaliser ; dans la grande majorité des cas les parents enverraient volontiers leurs enfants récemment guéris dans les services spéciaux de convalescents, si l'on avait soin d'en organiser ; les malades des hôpitaux y seraient envoyés en temps utile au lieu de sortir, comme aujourd'hui, à une période à laquelle ils sont certainement encore dangereux. Il est bien entendu que les conditions d'admission devraient être des plus larges, et qu'il faudrait chercher à y attirer les enfants par tous les moyens possibles, bien loin de les en détourner par des formalités administratives. Suivant les ressources locales, cet asile pourrait être un pavillon isolé d'un établissement hospitalier, ou une organisation provisoire quelconque. Alors même que cette mesure ne s'appliquerait qu'à une partie des malades, il est permis d'espérer que les résultats pourraient en être considérables, puisque nous avons montré ailleurs que nombre de cas restent stériles d'eux-mêmes.

On peut être tenté de réclamer l'obligation de transporter tous les convalescents dans les asiles spéciaux ; sans parler des difficultés considérables de toutes sortes que soulèverait une pareille exigence, nous pensons qu'il ne serait pas nécessaire d'aller jusque-là, alors même qu'on en aurait le droit. Nous savons que l'isolement des diphtéritiques est facilement efficace, qu'il peut être utilement réalisé à domicile dans la plupart des cas ; par contre, il nous semble que ce ne serait pas trop demander que d'imposer aux parents l'obligation de choisir, entre l'envoi de leurs enfants à l'asile spécial, ou leur isolement dans leur domicile pendant un délai déterminé. Dans l'état actuel de la législation, un maire aurait parfaitement le droit de prendre un arrêté de police sanitaire de cette nature ; il est vrai que le préfet aurait aussi le droit de l'annuler ; que le conseil de préfecture et le conseil d'État pourraient, à son défaut, et en cas d'appel des intéressés, le casser comme arbitraire. Dans l'état actuel d'insouciance et de dédain pour tout ce qui concerne l'hygiène publique, nous n'oserions répondre que toutes ces autorités ne s'empresseraient pas de profiter de cette latitude ; mais, comme on le voit, il n'y a pas là d'impossibilité légale, c'est une simple question d'interprétation, une question d'espèces, comme diraient les juristes. Il est fort probable, d'ailleurs, que la grande majorité des intéressés accepterait le dilemme sans trop de difficulté, alors même qu'il ne leur serait présenté que sous la forme d'un conseil, pourvu qu'il fût catégorique. En pareille matière, la plupart pèchent plutôt par ignorance que de parti-pris. Si les tribunaux voulaient bien, d'autre part, considérer comme une faute lourde la désobéissance à cette injonction, et condamner à des peines correctionnelles et à des dommages civils ceux qui auraient déterminé ainsi des cas secondaires, dont la genèse pourrait être démontrée, la crainte de ces conséquences ferait bien vite le reste ; l'isolement des convalescents ne tarderait pas à être accepté et réalisé par tous, sans qu'il fût même besoin d'une loi nouvelle. On voit par là que la question n'est pas aussi difficile à résoudre qu'elle le paraît au premier abord, qu'elle exige simplement la bonne volonté et la collaboration des diverses autorités publiques.

La durée de l'isolement des convalescents ne peut pas être rigoureusement déterminée, le chiffre de 50 jours nous paraît être le minimum de rigueur. Dans quelques cas même il pourra être insuffisant ; on connaît l'existence de formes très prolongées de la maladie, et il serait prudent d'exiger dans tous les cas un examen médical et rigoureux avant de lever l'interdiction. Il est de toute rigueur de ne jamais permettre la réadmission des convalescents dans une école avant l'expiration de ce délai.

L'isolement des malades pendant la période d'état est, en général, réalisé dans des conditions d'efficacité suffisantes, si bien qu'on peut dire que c'est là, en fait, la période de la maladie la moins dangereuse pour la propagation des épidémies. Quelques logements présentent cependant des conditions dangereuses ; telles sont les arrière-boutiques des petits commerçants ; la contagion médiate rencontre là les meilleures conditions de production et expose tous les clients du magasin. A cette période, deux points exigent encore l'intervention des autorités. Tout d'abord il faut interdire, aux malades qu'on change de domicile ou qu'on envoie à l'hôpital, l'usage des voitures publiques. Pour cela, il n'y a pas d'autre moyen efficace que celui de leur fournir la possibilité de s'en passer, en disposant, en pareil cas, de voitures spéciales, mises à la disposition des intéressés, sur simple demande. En second lieu, il faut éloigner de l'appartement où se trouve le malade, tous ses frères ou sœurs ; là encore il faut donner aux parents la possibilité d'accomplir ce *desideratum*, en venant à leur aide dans les circonstances, plus nombreuses qu'on ne le croit, où ils ne disposent d'aucun refuge pour leurs autres enfants. Pour cela, il faudrait, suivant l'importance de la commune et les ressources locales, soit réunir ces enfants, après deux jours d'observation isolée, dans un asile commun, distinct bien entendu de celui des convalescents ; soit, mieux encore, les placer temporairement en garde dans des familles sans enfants. Là encore il est nécessaire d'aller vite et de séparer le plus tôt possible les sujets sains des sujets malades.

L'isolement des débutants est presque aussi important que celui des convalescents ; malheureusement, il est beaucoup plus difficile à assurer ; la diphtérie étant contagieuse avant même que le diagnostic ait pu être posé, l'isolement des débutants paraît au premier abord un *desideratum* irréalisable. Quand on étudie l'enchaînement ordinaire des faits, on arrive néanmoins à se convaincre que des efforts utiles peuvent encore être tentés dans cette voie. Pour cela il faut créer en quelque sorte des catégories de *suspects*, qu'on surveillera comme tels et auxquels on interdira notamment l'accès des écoles, et généralement des agglomérations de toute espèce. En temps d'épidémie, tous les enfants qui souffrent de la gorge, si peu que ce soit, devront au début être considérés comme suspects, refusés à l'école ou renvoyés aussitôt qu'on s'aperçoit de leur souffrance. Suspects encore et traités de même tous les frères et sœurs des malades ou leurs voisins trop immédiats, et cela, moins parce qu'ils sont susceptibles d'être des agents de contagion médiate, que parce qu'ils sont souvent eux-mêmes des malades au début. Quand une épidémie s'est développée dans un village ou dans un quartier bien délimité, tous les enfants qui habitent le foyer épidémique doivent être considérés de même comme suspects par les localités environnantes ; l'accès des écoles voisines doit leur être interdit, si l'on veut empêcher l'exportation de la maladie en dehors de son foyer primitif

Dans les cas d'extension rapide, la fermeture des écoles sera le seul moyen de mettre un terme à la diffusion du mal par les débutants.

On doit se demander si les *cadavres* des sujets qui ont succombé à la maladie doivent être l'objet de précautions particulières. Il paraît établi que ces cadavres ne sont l'objet d'aucun danger pour ceux qui les approchent ; mais cette innocuité provient surtout de ce que les produits contagieux sont profondément situés et que rien ne vient plus les projeter en dehors. Il y a tout lieu de craindre qu'il en soit autrement dans les autopsies, quand ces produits eux-mêmes sont de nouveau mis à jour. On n'a, il est vrai, à notre connaissance, publié aucun cas de diphtérie contractée de cette manière ; on sait, d'autre part, que, dans les autopsies pratiquées 24 heures après la mort, les fausses membranes ont ordinairement disparu par dessiccation et ne sont plus reconnaissables. On peut en induire que les microbes pathogènes ont succombé ; on aurait même constaté qu'on n'y trouvait plus de bacilles de Klebs capables de proliférer dans les cultures. Toutefois, ce ne sont là que des probabilités, applicables peut-être à la généralité des cas, mais auxquelles il serait dangereux de se fier trop complètement.

Quiconque a examiné un larynx peut se rendre compte des conditions spécialement favorables que cet examen présente pour une contagion de la nature de celle de la diphtérie. On ouvre ordinairement le larynx sur la ligne médiane de sa face postérieure et on écarte de force, pour l'examiner, les deux moitiés latérales. Le ressort, ainsi distendu, ne manque guère de se refermer plus ou moins brusquement, et il est fréquent de recevoir au visage un fragment du contenu de l'organe.

Nous pensons pour notre part que les cadavres des diphtéritiques peuvent ne pas être toujours inoffensifs, et qu'il faut en tous cas prendre quelques précautions spéciales quand on

fait leurs autopsies. Le principal danger serait évité en re-
nonçant, pour ce cas particulier, à la méthode ordinaire d'ou-
verture du larynx ; il suffirait de l'ouvrir sur chacune de ces
deux faces opposées avant de l'examiner; on supprimerait
ainsi la possibilité de toute projection à distance par ce ressort
naturel.

Les détails sommaires dans lesquels nous venons d'entrer
nous paraissent suffire à indiquer les grandes lignes de la
prophylaxie à adopter contre la diphtérie. Nous n'avons
voulu poser que des indications générales, dont chacun
pourra préciser les détails d'application suivant les conditions locales et suivant les ressources particulières. Les exi-
gences formulées au nom de l'hygiène publique doivent
assurément être suffisantes, mais, pour avoir des chances
sérieuses d'être écoutées, elles doivent être réduites au minimum nécessaire. Il ne faut pas envisager exclusivement
la question au point de vue médical, on doit aussi tenir
compte, dans la mesure légitime, de tous les intérêts en pré-
sence. Les mesures que nous proposons nous paraissent rem-
plir toutes ces conditions ; nous croyons avoir démontré
antérieurement qu'elles seraient efficaces ; nous pouvons
ajouter qu'elles sont peu coûteuses et qu'elles ne portent
aucune restriction sérieuse à la liberté individuelle.

Elles ne sont nullement tyranniques ; elles n'apportent
guère aux intéressés que des avantages matériels sans leur
imposer de charges sérieuses ; c'est pour cette raison qu'il
est facile de les faire passer dans la pratique ; il n'est pas
besoin pour cela de mesures de rigueur et de contrainte. On
peut objecter qu'elles exigent, pour être efficaces, la collaboration éclairée des médecins eux-mêmes, mais nous deman-
dons quelles sont les mesures d'hygiène préventive qui peuvent être réalisées sans elle. La déclaration obligatoire de
tous les cas de maladie contagieuse faciliterait la tâche de
l'administration et diminuerait le nombre des cas qui échap-
pent à son action ; mais il faut dire bien haut qu'elle n'est pas
une condition *sine quâ non* et qu'on ne doit pas s'autoriser
de son absence pour ne rien faire. On peut beaucoup en
faisant appel au concours volontaire des médecins, en leur

adressant des instructions précises et en s'en remettant à eux pour l'application. S'il s'agissait d'imposer à leurs clients des mesures rigoureuses ou dispendieuses, on aurait à craindre avec raison leur refus de concours ou leur inertie; mais quand on ne leur demande que de donner des indications précises et de faire part aux intéressés des avantages matériels qu'on veut leur faire, ils n'ont plus aucun motif de défiance envers les instructions qu'ils reçoivent. Il est des esprits qui ne croient qu'à l'efficacité de la contrainte, et qui ne conçoivent l'autorité que sous la forme d'un commissaire de police; nous sommes de ceux qui pensent au contraire qu'on peut obtenir souvent davantage de la persuasion, en respectant la liberté et les intérêts de chacun. L'immense majorité de nos confrères prendraient volontiers leur part des efforts à faire au nom de l'hygiène publique, mais il faut leur indiquer la voie à suivre et leur épargner toute incertitude et toute hésitation dans les conseils à donner. L'inertie trop fréquente des autorités municipales cède souvent elle-même devant l'insistance répétée et conciliante des hygiénistes. C'est aux médecins des épidémies qu'il appartient de solliciter l'intervention des uns et des autres, de coordonner et de diriger les efforts de tous. Nous espérons que cette étude sera de nature à faciliter leur tâche.

Pour résumer nos propositions et les mettre en série suivant leur degré d'importance, nous terminerons en disant que la prophylaxie rationnelle de la diphtérie doit reposer surtout sur l'isolement, en second lieu seulement sur les désinfections. Elle exige :

1° L'isolement *très prolongé* des convalescents, soit dans les domiciles particuliers, soit dans des asiles spéciaux ;

2° L'isolement *précoce* et suffisant des malades, en assurant aux parents toutes facilités d'éloigner les enfants restés sains et en réduisant l'entourage au personnel indispensable ;

3° La surveillance et la *mise en suspicion* de ceux qui peuvent être des débutants, les frères et sœurs des malades notamment ;

4° La surveillance spéciale des écoles, pour en écarter à la fois, dans la mesure du possible, les convalescents, les débutants et les suspects ;

5° La désinfection *immédiate* des déjections du malade et des objets qu'elles ont pu souiller;

6° L'observation, par les personnes de l'entourage des malades, d'une propreté rigoureuse et de précautions spéciales pour ne pas transporter au dehors les germes infectieux ;

7° La désinfection ultérieure de tous les objets à l'usage des malades et des locaux occupés par eux.

Tels sont, Monsieur et cher collègue, les principes généraux que nous vous conseillons de prendre pour guide dans les cas d'épidémie de diphtérie. Le but à atteindre est bien digne des efforts de tous, et nous savons d'avance que l'hygiène publique peut attendre beaucoup du zèle et du dévoûment des médecins des épidémies.

Au moment où l'on commence à comprendre l'importance des services publics d'hygiène et où l'on se préoccupe à juste titre de les organiser sur des bases plus efficaces ; au moment où l'on vient d'appeler à la direction nouvelle de la santé publique un administrateur éminent entre tous par ses connaissances spéciales et par son dévoûment aux choses de l'hygiène ; il appartient aux médecins des épidémies de montrer, par leurs actes, par leur initiative et par les services rendus, que l'on ne saurait placer en de meilleurs mains la sauvegarde de la santé publique et la direction de la lutte à entreprendre contre les maladies transmissibles. Nous sommes convaincus, pour notre part, que la solution de ce problème repose bien moins sur la création de services et de fonctionnaires nouveaux, que sur l'extension et le perfectionnement des services déjà existants. Jusqu'à ce jour on a fait trop rarement appel à vos lumières et à votre action, on n'a mis à votre disposition que des indemnités dérisoires et des ressources insuffisantes. Mieux éclairés sur l'importance de votre rôle, les pouvoirs publics sont à la veille de vous demander davantage, mais il importe que chacun, devançant en quelque sorte cet appel, entreprenne sans retard la tâche qui va bientôt s'imposer au zèle de tous.

Nous vous serions particulièrement obligés de nous tenir désormais régulièrement au courant de tous les faits épidémiques, au fur et à mesure de leur apparition. Vous voudrez bien joindre à leur relation l'indication des mesures prophylactiques que vous aurez proposées et de la suite qui aura été donnée à vos propositions. Vous voudrez bien aussi nous donner à l'occasion tous les renseignements utiles pour apprécier l'état sanitaire de vos circonscriptions, et attirer notre attention et celle des pouvoirs compétents sur les causes d'insalubrité qu'elles peuvent présenter. Vous serons toujours heureux de recevoir de vous l'expression des vœux, des *desiderata* ou des propositions spéciales que votre expérience personnelle a pu vous suggérer. Nous nous mettons volontiers à votre disposition pour vous transmettre les renseignements ou les conseils que vous jugeriez utiles de nous demander ; vous pouvez compter sur notre appui auprès des pouvoirs publics dans toutes les circonstances où il pourrait faciliter l'accomplissement de votre mission.

Recevez, Monsieur et cher collègue, l'assurance de nos meilleurs sentiments confraternels.

L'Inspecteur régional,

Dr ROLLET,

Professeur d'hygiène à la Faculté de médecine,
Ancien chirurgien en chef de l'Antiquaille.

L'Inspecteur régional adjoint,

Dr BARD,

Professeur agrégé à la Faculté de médecine,
Médecin des hôpitaux.

Lyon, le 10 mars 1889.

Lyon. — Assoc. typog., F. PLAN, rue de la Barre, 12.

www.ingramcontent.com/pod-product-compliance
Lightning Source LLC
Chambersburg PA
CBHW050742070726

47597CB00009B/4036